U0207450

世界上最狡猾的动物

19种超狡猾的动物完全图解！

STEVE JENKINS

[美] 史蒂夫·詹金斯 / 著绘

易映景 / 译

河南美术出版社
· 郑州 ·

小读客
童书

TRICKIEST!: 19 Sneaky Animals by Steve Jenkins
Copyright © 2017 by Steve Jenkins
Published by arrangement with Houghton Mifflin Harcourt Publishing Company
through Bardon−Chinese Media Agency
Simplified Chinese translation copyright © 2021
by Dook Media Group Limited
ALL RIGHTS RESERVED

中文版权©2021读客文化股份有限公司
经授权，读客文化股份有限公司拥有本书的中文（简体）版权
豫著许可备字−2021−A−0129

图书在版编目（CIP）数据

世界上最狡猾的动物 /(美) 史蒂夫·詹金斯著绘；
易映景译. — 郑州 : 河南美术出版社, 2022.2
ISBN 978−7−5401−5601−5

Ⅰ. ①世… Ⅱ. ①史… ②易… Ⅲ. ①动物 – 儿童读
物 Ⅳ. ①Q95−49

中国版本图书馆CIP数据核字(2021)第189445号

世界上最狡猾的动物

[美] 史蒂夫·詹金斯 / 著绘
易映景 / 译

出 版 人　李　勇
策　　划　读客文化
责任编辑　孟繁益　　杜笑谈
特邀编辑　尹　琳　　蔡若兰
责任校对　杨　骁
装帧设计　徐　瑾
执行设计　贾旻雯
出版发行　河南美术出版社
地　　址　郑州市郑东新区祥盛街 27 号
印　　刷　天津联城印刷有限公司
开　　本　889mm×1194mm　1/32
印　　张　1.5
字　　数　30 千字
版　　次　2022 年 2 月第 1 版
印　　次　2022 年 2 月第 1 次印刷
书　　号　ISBN 978−7−5401−5601−5
定　　价　39.90 元

如有印刷、装订质量问题，请致电 010−87681002（免费更换，邮寄到付）

目 录

花朵还是螳螂？

枯叶还是蜥蜴？

隐藏自己、欺骗措物，动物还有哪些高明的手段？

来一起认识这些狡猾的动物吧！

生存花招

    对大多数动物而言，寻找食物和躲避危险是一项全职工作。有的动物比其他生物更大、更强或更凶猛，可以依靠这些优势捕猎或保护自己。还有许多动物会用些招数来捕捉猎物，或是骗过掠食动物。有些动物冒充树枝、海藻或有毒昆虫来躲避危险。也有些动物则通过变换色彩或是突然发出噪音来吓唬敌人。聪明的捕食者以伪装、光线、诱饵或泡泡来欺骗猎物。本书中的动物展现的一些生存方法会让你大吃一惊。

有些动物有其独特
的捕猎技巧。

有些动物也有保障自
己安全的妙招。

"狼来了"

如果发现鹰或豺，叉尾卷尾会发出警报。当其他动物听到它的叫声时，会停下"手头的事情"，急急忙忙找掩护。但叉尾卷尾很狡猾，有时就算没有危险也会发出警报。鸟类或者其他动物听到警报声会吓一跳，丢下抓到的蠕虫或者其他食物，这时候叉尾卷尾会俯冲下去，把吃的叼走。

如果叉尾卷尾经常使用这个花招，那这招就对其他动物不起作用了。这样一来，叉尾卷尾就会转而模仿其他动物的警告声，把它们骗得团团转。

25厘米

住在哪儿
非洲中部和南部

吃什么
昆虫等

叉尾卷尾可以模仿 50 多种动物的叫声。

活着的藤蔓

　　绿蔓蛇在雨林的树木上爬动时，看起来就像是缠绕的藤蔓。借助这种伪装，它可以悄悄地爬到鸟类和其他小动物附近。绿蔓蛇距离猎物足够近时才会袭击猎物。绿蔓蛇能分泌毒液，被咬的猎物中毒后会被绿蔓蛇一口吞下。

住在哪儿
美洲中部和南部

吃什么
鸟、啮齿动物、青蛙、蜥蜴等

人类若是被绿蔓蛇咬伤，虽然不会丢了性命，但会很痛苦。

2米

吹泡泡

座头鲸用气泡网来捕鱼。座头鲸们发现鱼群后，会在鱼群下方一圈一圈地游动，并不断吹出气泡。气泡把鱼群聚拢成一团。这时候，座头鲸们会张开嘴，轮流游向聚拢的鱼群。座头鲸能一次吞下数百条鱼。

一头座头鲸一天能吃掉1362千克的食物。

座头鲸用尾巴击打水面，鱼会受到惊吓并聚集在一起。

15米

住在哪儿
世界各大海洋

吃什么
鱼、虾等

投射阴影

　　棕颈鹭在浅水中涉水，用长长的喙刺杀鱼和青蛙。棕颈鹭有一种特别的捕鱼方法：它静立不动，并张开翅膀在水上投下阴影。鱼儿们经常在阴凉处寻找庇护所。当它们聚集在棕颈鹭翅膀的阴影下时，棕颈鹭就能抓住它们。

棕颈鹭将一条鱼抛向空中，头向前一伸将其吞下。

住在哪儿
美国南部、中美洲、
南美洲北部

吃什么
鱼、青蛙、螃蟹、
虾等

61 厘米

假蠕虫

真鳄龟有一种不寻常的捕鱼方法。它躺在溪流或池塘的底部，然后张开嘴，扭动它的一部分舌头作为"鱼饵"——长长的红色舌头看起来就像蠕虫。要是有好奇的鱼儿靠近，真鳄龟就能抓住它。

住在哪儿
美国东南部

吃什么
青蛙、鱼、蛇、鸟、其他乌龟、动物尸体等

真鳄龟可以轻松地咬断人类的手指。

76 厘米

深海钓鱼

深海鮟鱇生活在完全黑暗的环境中。它的身上长着数十根长长的细丝，这些细丝可以帮助它感知到水中其他动物的行踪。深海鮟鱇长长的背鳍像一个钓竿，上面悬挂着一个发着蓝光的诱饵。那些被光吸引来的鱼和虾就成了它的美餐。

深海鮟鱇体内的特殊细菌使得诱饵发出蓝光。

深海鮟鱇可以吞下比自己大的鱼。

15 厘米

住在哪儿
大西洋、太平洋和印度洋

吃什么
鱼、虾等

我能看见你

　　黑软颌鱼生活在深海的黑暗水域中。大多数深海生物看不到红色，红色在它们看来和黑色没有区别。但是黑软颌鱼可以看到红色，而且它的面部有一个部位会发出红光。这样黑软颌鱼可以看到它的猎物，但猎物看不到它。

黑软颌鱼张大嘴巴后能吞下很大的猎物。

住在哪儿
全球深海

吃什么
鱼、虾等

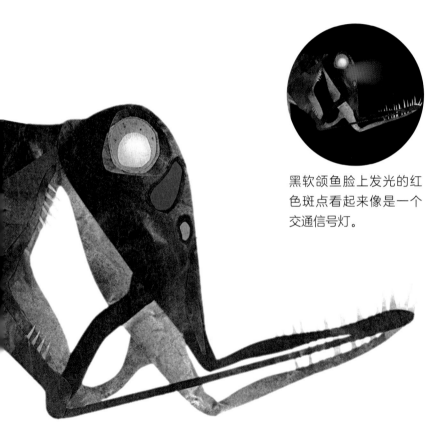

黑软颌鱼脸上发光的红色斑点看起来像是一个交通信号灯。

25 厘米

准备、瞄准、发射

　　射水鱼嘴里喷出的水珠能击落昆虫。它能命中距离很远的飞蛾或苍蝇。猎物一旦落水，射水鱼就将其吞下。

住在哪儿
印度、新几内亚岛、澳大利亚北部

吃什么
昆虫

10厘米

住在哪儿
欧洲、俄罗斯、小亚细亚

吃什么
花粉、花蜜

别碰！

大多数人都知道被黄蜂蜇了会很痛，许多鸟也知道这一点。无害的蜂形天牛没有毒刺。但是蜂形天牛外形和真正的黄蜂相似，所以鸟类和其他掠食动物都躲着它。

1.25厘米

这才是真正的黄蜂，但掠食动物很难看出两者的差别。

蛛丝的陷阱

与大多数蜘蛛不同，流星锤蜘蛛不会结网。它通过投掷有黏性的蛛丝来捕捉飞蛾和其他飞虫。这种蜘蛛产生一种闻起来像雌蛾发情时分泌的信息素的诱剂，以此来吸引雄蛾。当猎物足够接近时，流星锤蜘蛛会趁机将其黏住，把它变成美餐。

1.25 厘米 ━━ ●

住在哪儿
南北美洲、东南亚、非洲、澳大利亚

吃什么
飞蛾等飞虫

流星锤是一种狩猎武器。
投掷出去的流星锤会缠绕
在猎物的腿上。

美丽且致命

兰花螳螂看起来像一朵精致的花，但可不要被它的外表所迷惑：这只螳螂可是凶猛的掠食动物。它坐在一朵花上，静静等待着飞行的昆虫靠近。当昆虫离得足够近时，就会被尖利的螳臂一把抓住。

住在哪儿
东南亚

吃什么
昆虫

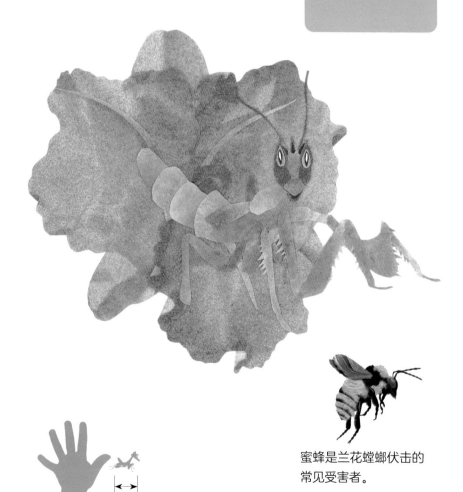

7厘米

蜜蜂是兰花螳螂伏击的常见受害者。

活着的海藻

　　叶海龙是海马的亲戚，掠食动物常常错把它当成是一条漂浮的海藻。它在水中盘旋，用长长的吻吸住小型动物。

住在哪儿
澳大利亚南部沿海水域

吃什么
像虾一样的小型动物

叶海龙实际上是一种鱼。

23厘米

树叶蜥蜴

撒旦叶尾壁虎住在雨林的树上。它为了隐藏自己，会抓住树枝并在微风中轻轻摇动。撒旦叶尾壁虎的尾巴有孔和参差不齐的边缘，看上去就像枯叶。

住在哪儿
马达加斯加

吃什么
昆虫

撒旦叶尾壁虎还会张开鲜红的嘴巴，把掠食动物吓跑。

12.5 厘米

蟾蜍警告

住在哪儿
韩国、朝鲜、中国和俄罗斯的部分地区

吃什么
蠕虫、昆虫、蜘蛛等

　　从上往下看，东方铃蟾的背部与绿草和树叶融为一体。但是如果无法隐藏，它会向后翻转并露出鲜红的腹部。东方铃蟾的皮肤含有致命的毒素。腹部鲜艳的颜色是在警告攻击者："别吃我，我身体有毒。"

东方铃蟾俯视图
（背部）

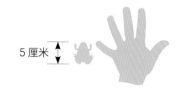

5厘米

咔嗒响且发光

发光叩甲是一种磕头虫，能够向后翻转弹跳到空中来躲避危险。发光叩甲也是一种生物性发光的昆虫，即能自己发光。它背部有两个发光点，腹部有一个发光点。

住在哪儿
美国南部、中美洲、南美洲

吃什么
花粉、水果、昆虫

发光叩甲的发光点可能是用来与其他同类交流的。

发光叩甲向空中弹起时会发出咔嗒声。

2.5厘米

吓一大跳！

玉米天蚕蛾将翅膀叠起来，靠在树干上休息，它的颜色能与树皮融为一体。玉米天蚕蛾在感知到危险时会展开翅膀，露出翅膀上的两个暗色眼状斑点。这些斑点看起来像一只大型动物的眼睛。突然出现的斑点会让掠食动物吓一大跳。

玉米天蚕蛾幼虫的刺含有毒液，且毒性不小，触碰到的话会感到刺痛。

玉米天蚕蛾的成虫什么也不吃——它没有嘴巴。

住在哪儿
北美洲东部

吃什么
幼虫吃植物的叶子

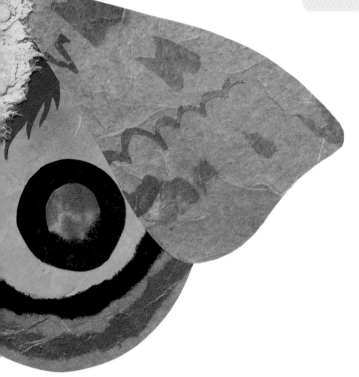

7.5 厘米

可以再生的尾巴

蓝尾蜥生活在印度洋的一个岛上。它长着颜色鲜艳的尾巴，能够分散掠食动物的注意力。如果受到攻击，它会断尾逃跑。不久之后，尾巴又会重新长出来。

蓝尾蜥的尾巴脱落后还会扭动和抽搐。饥饿的鸟儿会抓住尾巴，而蓝尾蜥得以逃脱。

住在哪儿
圣诞岛（印度洋上的岛屿）

吃什么
昆虫、蜘蛛、蠕虫等

7.5 厘米

乌云

太平洋巨型章鱼在遇到危险时会喷出一团墨汁，趁掠食动物视线受阻时逃之夭夭。

4.5 米

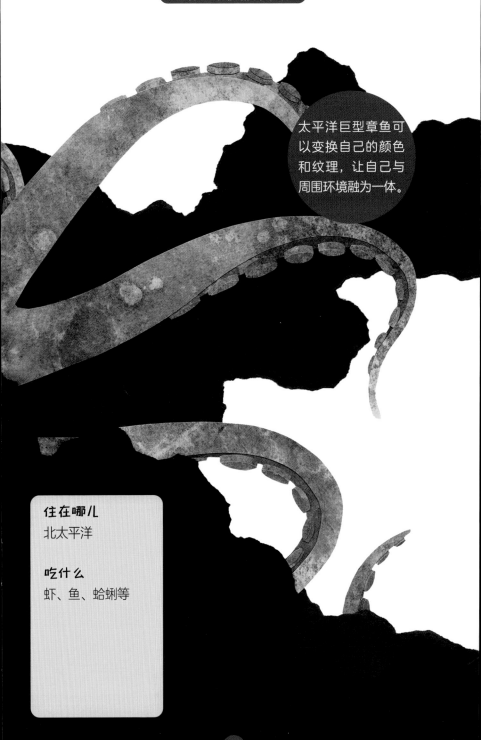

太平洋巨型章鱼可以变换自己的颜色和纹理，让自己与周围环境融为一体。

住在哪儿
北太平洋

吃什么
虾、鱼、蛤蜊等

31

装死

西部猪鼻蛇有好几种自卫的方式。它要是受了惊吓，会发出"嗞嗞"声。接下来，它挺直身子，张大嘴巴，头部抬起，让自己看起来更大且更危险。但西部猪鼻蛇最棒的技巧是"装死"。

"装死"是一种防御的好法子，因为许多掠食动物更喜欢吃自己亲自捕杀的猎物。

76 厘米

西部猪鼻蛇装死的方式：向后仰，一动不动地躺着，嘴里流出一点儿鲜血。

住在哪儿
美国及加拿大中部、墨西哥

吃什么
青蛙、蜥蜴、其他蛇、鸟、啮齿动物等

西部猪鼻蛇装死时，会释放出一种臭臭的液体，闻起来就像动物尸体的气味。

狡猾的掠食动物

本页的动物通过巧妙
的办法抓住并吃掉其
他动物。

棕颈鹭

射水鱼

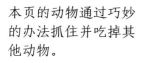

座头鲸

这些动物用
狡猾的方法
来狩猎。

黑软颌鱼

流星锤蜘蛛

叉尾卷尾

这些动物通
过模拟声音
或环境欺骗
猎物。

绿蔓蛇

深海鮟鱇

兰花螳螂

这些动物通
过诱饵来吸
引猎物。

真鳄龟

狡猾的防御

本页的动物用妙招来保护自己。

东方铃蟾

这些动物能通过外表或手段，警告、迷惑敌人，或使敌人分心。

蓝尾蜥

西部猪鼻蛇

太平洋巨型章鱼

撒旦叶尾壁虎

这些动物能假扮成其他动植物。

蜂形天牛

玉米天蚕蛾

叶海龙

这些动物能把攻击者吓跑。

发光叩甲

词汇表

掠食动物
杀死并食用其他动物的动物。

诱饵
用来吸引动物的东西，以便捕获它们。掠食动物利用诱饵（身体部位、气味、光线或声音）来吸引猎物靠近。

细菌
几乎生活在地球上任何地方的微生物，包括我们体内。有些细菌会引起疾病，但也有许多细菌对人类有益。深海鮟鱇的诱饵中的细菌能发光。

伏击
没有发出任何警告就进攻，从隐藏的地方袭击或是装扮成无害且不引人注意的东西，让受害者掉以轻心。

吻
鱼类的嘴或头部前端突出的部分。